新编 Xinbian Qixiang Zaihai Yujing Xinhao yu Fangyu Zhinan

气象灾害预警信号与防御指南

《新编气象灾害预警信号与防御指南》编写组◎编

气象出版社
China Meteorological Press

图书在版编目（CIP）数据

新编气象灾害预警信号与防御指南 ／《新编气象灾害预警信号与防御指南》编写组编 . —北京：气象出版社，2014.3（2021.12重印）

ISBN 978-7-5029-5894-7

Ⅰ. ①新… Ⅱ. ①新… Ⅲ. ①气象灾害-气象预报-信号-指南②气象灾害-预防-指南 Ⅳ. ① P4-62

中国版本图书馆 CIP 数据核字（2014）第 035717 号

出版发行：气象出版社

地　　址：北京市海淀区中关村南大街 46 号　　邮政编码：100081

电　　话：010-68407112（总编室）　010-68408042（发行部）

网　　址：http://www.qxcbs.com　　　E-mail：qxcbs@cma.gov.cn

责任编辑：侯娅南　邵 华　　　　　　　终　　审：汪勤模

封面设计：符 赋　　　　　　　　　　　责任技编：吴庭芳

版式设计：李勤学

印　　刷：中国电影出版社印刷厂

开　　本：889 mm×1194 mm　1/32

字　　数：100 千字　　　　　　　　　印　　张：2

版　　次：2014 年 3 月第 1 版　　　　　印　　次：2021 年 12 月第 5 次印刷

定　　价：10.00 元

前言 PREFACE

　　气象灾害是大气运动及演变对人类生命财产和国民经济以及国防建设等造成的直接或间接的损害。我国地域辽阔，气候复杂多变，气象灾害屡有发生。在刚刚过去的 2013 年，由大众投票评选出的国内十大天气气候事件中，就出现了霾、台风、暴雨、干旱等我国常见的气象灾害。大众的热情参与也反映出人们越来越关心身边的生存环境。为增强人们的防灾减灾意识和自我保护能力，增进人们对气象灾害预警信号的理解，我们编写了《新编气象灾害预警信号与防御指南》这本书。

　　本书收录了"气象灾害预警信号发布与传播办法"与"气象灾害预警信号及防御指南"，并根据气预函第 34 号文件，对"霾预警信号"部分进行了更新，霾预警信号的等级由原来的二级更新为三级。另外，本书还收集了 9 类突发事故的急救常识、5 个常用急救电话及 37 个天气图形符号。希望这些知识能够起到保护自己、帮助他人的作用，让人们从容面对气象灾害。

目 录 CONTENTS

第三部分　急救常识

附录

第一部分　气象灾害预警信号发布与传播办法

中国气象局令第 16 号

第一条　为了规范气象灾害预警信号发布与传播，防御和减轻气象灾害，保护国家和人民生命财产安全，依据《中华人民共和国气象法》、《国家突发公共事件总体应急预案》，制定本办法。

第二条　在中华人民共和国领域和中华人民共和国管辖的其他海域发布与传播气象灾害预警信号，必须遵守本办法。

本办法所称气象灾害预警信号（以下简称预警信号），是指各级气象主管机构所属的气象台站向社会公众发布的预警信息。

预警信号由名称、图标、标准和防御指南组成，分为台风、暴雨、暴雪、寒潮、大风、沙尘暴、高温、干旱、雷电、冰雹、霜冻、大雾、霾、道路结冰等。

第三条　预警信号的级别依据气象灾害可能造成的危害程度、紧急程度和发展态势一般划分为四级：IV级（一般）、III级（较重）、II级（严重）、I级（特别严重），依次用蓝色、黄色、橙色和红色表示，同时以中英文标识。

本办法根据不同种类气象灾害的特征、预警能力等，确定不同种类气象灾害的预警信号级别。

第四条　国务院气象主管机构负责全国预警信号发布、解除与传播的管理工作。

地方各级气象主管机构负责本行政区域内预警信号发布、解除与传播的管理工作。

其他有关部门按照职责配合气象主管机构做好预警信号发布与传播的有关工作。

第五条 地方各级人民政府应当加强预警信号基础设施建设，建立畅通、有效的预警信息发布与传播渠道，扩大预警信息覆盖面，并组织有关部门建立气象灾害应急机制和系统。

学校、机场、港口、车站、高速公路、旅游景点等人口密集公共场所的管理单位应当设置或者利用电子显示装置及其他设施传播预警信号。

第六条 国家依法保护预警信号专用传播设施，任何组织或者个人不得侵占、损毁或者擅自移动。

第七条 预警信号实行统一发布制度。

各级气象主管机构所属的气象台站按照发布权限、业务流程发布预警信号，并指明气象灾害预警的区域。发布权限和业务流程由国务院气象主管机构另行制定。

其他任何组织或者个人不得向社会发布预警信号。

第八条 各级气象主管机构所属的气象台站应当及时发布预警信号，并根据天气变化情况，及时更新或者解除预警信号，同时通报本级人民政府及有关部门、防灾减灾机构。

当同时出现或者预报可能出现多种气象灾害时，可以按照相对应的标准同时发布多种预警信号。

第九条 各级气象主管机构所属的气象台站应当充分利用广播、电视、固定网、移动网、因特网、电子显示装置等手段及时向社会发布预警信号。在少数民族聚居区发布预警信号时除使用汉语言文字外，还应当使用当地通用的少数民族语言文字。

第十条　广播、电视等媒体和固定网、移动网、因特网等通信网络应当配合气象主管机构及时传播预警信号，使用气象主管机构所属的气象台站直接提供的实时预警信号，并标明发布预警信号的气象台站的名称和发布时间，不得更改和删减预警信号的内容，不得拒绝传播气象灾害预警信号，不得传播虚假、过时的气象灾害预警信号。

第十一条　地方各级人民政府及其有关部门在接到气象主管机构所属的气象台站提供的预警信号后，应当及时公告，向公众广泛传播，并按照职责采取有效措施做好气象灾害防御工作，避免或者减轻气象灾害。

第十二条　气象主管机构应当组织气象灾害预警信号的教育宣传工作，编印预警信号宣传材料，普及气象防灾减灾知识，增强社会公众的防灾减灾意识，提高公众自救、互救能力。

第十三条　违反本办法规定，侵占、损毁或者擅自移动预警信号专用传播设施的，由有关气象主管机构依照《中华人民共和国气象法》第三十五条的规定追究法律责任。

第十四条　违反本办法规定，有下列行为之一的，由有关气象主管机构依照《中华人民共和国气象法》第三十八条的规定追究法律责任：

（一）非法向社会发布与传播预警信号的；

（二）广播、电视等媒体和固定网、移动网、因特网等通信网络不使用气象主管机构所属的气象台站提供的实时预警信号的。

第十五条　气象工作人员玩忽职守，导致预警信号的发布出现重大失误的，对直接责任人员和主要负责人给予行政处分；构成犯罪的，依法追究刑事责任。

第十六条　地方各级气象主管机构所属的气象台站发布预警信号，适用本办法所附《气象灾害预警信号及防御指南》中的各类预警信号标准。

省、自治区、直辖市制定地方性法规、地方政府规章或者规范性文件时，可以根据本行政区域内气象灾害的特点，选用或者增设本办法规定的预警信号种类，设置不同信号标准，并经国务院气象主管机构审查同意。

第十七条　国务院气象主管机构所属的气象台站发布的预警信号标准由国务院气象主管机构另行制定。

第十八条　本办法自发布之日起施行。

第二部分

气象灾害预警信号及防御指南

一、台风预警信号

台风预警信号分四级，分别以蓝色、黄色、橙色和红色表示。

（一）台风蓝色预警信号

图标：

标准：24小时内可能或者已经受热带气旋影响，沿海或者陆地平均风力达6级以上，或者阵风8级以上并可能持续。

防御指南 ....

1. 政府及相关部门按照职责做好防台风准备工作；

2. 停止露天集体活动和高空等户外危险作业；

3. 相关水域水上作业和过往船舶采取积极的应对措施，如回港避风或者绕道航行等；

4. 加固门窗、围板、棚架、广告牌等易被风吹动的搭建物，切断危险的室外电源。

（二）台风黄色预警信号

图标：

标准：24 小时内可能或者已经受热带气旋影响，沿海或者陆地平均风力达 8 级以上，或者阵风 10 级以上并可能持续。

防御指南 ·······································

1. 政府及相关部门按照职责做好防台风应急准备工作；

2. 停止室内外大型集会和高空等户外危险作业；

3. 相关水域水上作业和过往船舶采取积极的应对措施，加固港口设施，防止船舶走锚、搁浅和碰撞；

4. 加固或者拆除易被风吹动的搭建物，人员切勿随意外出，确保老人小孩留在家中最安全的地方，危房人员及时转移。

（三）台风橙色预警信号

图标：

标准：12 小时内可能或者已经受热带气旋影响，沿海或者陆地平均风力达 10 级以上，或者阵风 12 级以上并可能持续。

1. 政府及相关部门按照职责做好防台风抢险应急工作；

2. 停止室内外大型集会、停课、停业（除特殊行业外）；

3. 相关水域水上作业和过往船舶应当回港避风，加固港口设施，防止船舶走锚、搁浅和碰撞；

4. 加固或者拆除易被风吹动的搭建物，人员应当尽可能待在防风安全的地方，当台风中心经过时风力会减小或者静止一段时间，切记强风将会突然吹袭，应当继续留在安全处避风，危房人员及时转移；

5. 相关地区应当注意防范强降水可能引发的山洪、地质灾害。

（四）台风红色预警信号

图标：

标准：6 小时内可能或者已经受热带气旋影响，沿海或者陆地平均风力达 12 级以上，或者阵风达 14 级以上并可能持续。

防御指南 ···

1. 政府及相关部门按照职责做好防台风应急和抢险工作；

2. 停止集会、停课、停业（除特殊行业外）；

3. 回港避风的船舶要视情况采取积极措施，妥善安排人员留守或者转移到安全地带；

4. 加固或者拆除易被风吹动的搭建物，人员应当待在防风安全的地方，当台风中心经过时风力会减小或者静止一段时间，切记强风将会突然吹袭，应当继续留在安全处避风，危房人员及时转移；

5. 相关地区应当注意防范强降水可能引发的山洪、地质灾害。

二、暴雨预警信号

暴雨预警信号分四级，分别以蓝色、黄色、橙色、红色表示。

（一）暴雨蓝色预警信号

图标：

标准：12 小时内降雨量将达 50 毫米以上，或者已达 50 毫米以上且降雨可能持续。

 ···

1. 政府及相关部门按照职责做好防暴雨准备工作；

2. 学校、幼儿园采取适当措施，保证学生和幼儿安全；

3. 驾驶人员应当注意道路积水和交通阻塞，确保安全；

4. 检查城市、农田、鱼塘排水系统，做好排涝准备。

（二）暴雨黄色预警信号

图标：

标准：6 小时内降雨量将达 50 毫米以上，或者已达 50 毫米以上且降雨可能持续。

防御指南

1. 政府及相关部门按照职责做好防暴雨工作；

2. 交通管理部门应当根据路况在强降雨路段采取交通管制措施，在积水路段实行交通引导；

3. 切断低洼地带有危险的室外电源，暂停在空旷地方的户外作业，转移危险地带人员和危房居民到安全场所避雨；

4. 检查城市、农田、鱼塘排水系统，采取必要的排涝措施。

（三）暴雨橙色预警信号

图标：

标准：3 小时内降雨量将达 50 毫米以上，或者已达 50 毫米以上且降雨可能持续。

防御指南 ······································

1. 政府及相关部门按照职责做好防暴雨应急工作；

2. 切断有危险的室外电源，暂停户外作业；

3. 处于危险地带的单位应当停课、停业，采取专门措施保护已到校学生、幼儿和其他上班人员的安全；

4. 做好城市、农田的排涝，注意防范可能引发的山洪、滑坡、泥石流等灾害。

（四）暴雨红色预警信号

图标：

标准：3 小时内降雨量将达 100 毫米以上，或者已达 100 毫米以上且降雨可能持续。

 ···

1. 政府及相关部门按照职责做好防暴雨应急和抢险工作；
2. 停止集会、停课、停业（除特殊行业外）；
3. 做好山洪、滑坡、泥石流等灾害的防御和抢险工作。

三、暴雪预警信号

暴雪预警信号分四级，分别以蓝色、黄色、橙色、红色表示。

（一）暴雪蓝色预警信号

图标：

标准：12小时内降雪量将达4毫米以上，或者已达4毫米以上且降雪持续，可能对交通或者农牧业有影响。

防御指南 ·····································

1. 政府及有关部门按照职责做好防雪灾和防冻害准备工作；

2. 交通、铁路、电力、通信等部门应当进行道路、铁路、线路巡查维护，做好道路清扫和积雪融化工作；

3. 行人注意防寒防滑，驾驶人员小心驾驶，车辆应当采取防滑措施；

4. 农牧区和种养殖业要储备饲料，做好防雪灾和防冻害准备；

5. 加固棚架等易被雪压的临时搭建物。

（二）暴雪黄色预警信号

图标：

标准： 12小时内降雪量将达6毫米以上，或者已达6毫米以上且降雪持续，可能对交通或者农牧业有影响。

防御指南 ··

1.政府及相关部门按照职责落实防雪灾和防冻害措施；

2.交通、铁路、电力、通信等部门应当加强道路、铁路、线路巡查维护，做好道路清扫和积雪融化工作；

3.行人注意防寒防滑，驾驶人员小心驾驶，车辆应当采取防滑措施；

4.农牧区和种养殖业要备足饲料，做好防雪灾和防冻害准备；

5.加固棚架等易被雪压的临时搭建物。

（三）暴雪橙色预警信号

图标：

标准：6小时内降雪量将达10毫米以上，或者已达10毫米以上且降雪持续，可能或者已经对交通或者农牧业有较大影响。

防御指南 •

1. 政府及相关部门按照职责做好防雪灾和防冻害的应急工作；

2. 交通、铁路、电力、通信等部门应当加强道路、铁路、线路巡查维护，做好道路清扫和积雪融化工作；

3. 减少不必要的户外活动；

4. 加固棚架等易被雪压的临时搭建物，将户外牲畜赶入棚圈喂养。

（四）暴雪红色预警信号

图标：

标准：6 小时内降雪量将达 15 毫米以上，或者已达 15 毫米以上且降雪持续，可能或者已经对交通或者农牧业有较大影响。

防御指南 ·

1. 政府及相关部门按照职责做好防雪灾和防冻害的应急和抢险工作；

2. 必要时停课、停业（除特殊行业外）；

3. 必要时飞机暂停起降，火车暂停运行，高速公路暂时封闭；

4. 做好牧区等救灾救济工作。

四、寒潮预警信号

寒潮预警信号分四级，分别以蓝色、黄色、橙色、红色表示。

（一）寒潮蓝色预警信号

图标：

标准：48小时内最低气温将要下降8℃以上，最低气温小于等于4℃，陆地平均风力可达5级以上；或者已经下降8℃以上，最低气温小于等于4℃，平均风力达5级以上，并可能持续。

防御指南 ....

1. 政府及有关部门按照职责做好防寒潮准备工作；

2. 注意添衣保暖；

3. 对热带作物、水产品采取一定的防护措施；

4. 做好防风准备工作。

（二）寒潮黄色预警信号

图标：

标准： 24小时内最低气温将要下降10℃以上，最低气温小于等于4℃，陆地平均风力可达6级以上；或者已经下降10℃以上，最低气温小于等于4℃，平均风力达6级以上，并可能持续。

防御指南 ··

1. 政府及有关部门按照职责做好防寒潮工作；

2. 注意添衣保暖，照顾好老、弱、病人；

3. 对牲畜、家禽和热带、亚热带水果及有关水产品、农作物等采取防寒措施；

4. 做好防风工作。

(三) 寒潮橙色预警信号

图标：

标准：24 小时内最低气温将要下降 12℃以上，最低气温小于等于 0℃，陆地平均风力可达 6 级以上；或者已经下降 12℃以上，最低气温小于等于 0℃，平均风力达 6 级以上，并可能持续。

防御指南

1. 政府及有关部门按照职责做好防寒潮应急工作；

2. 注意防寒保暖；

3. 农业、水产业、畜牧业等要积极采取防霜冻、冰冻等防寒措施，尽量减少损失；

4. 做好防风工作。

（四）寒潮红色预警信号

图标：

标准：24小时内最低气温将要下降16℃以上，最低气温小于等于0℃，陆地平均风力可达6级以上；或者已经下降16℃以上，最低气温小于等于0℃，平均风力达6级以上，并可能持续。

防御指南 ·····················

1. 政府及相关部门按照职责做好防寒潮的应急和抢险工作；

2. 注意防寒保暖；

3. 农业、水产业、畜牧业等要积极采取防霜冻、冰冻等防寒措施，尽量减少损失；

4. 做好防风工作。

五、大风预警信号

大风（除台风外）预警信号分四级，分别以蓝色、黄色、橙色、红色表示。

（一）大风蓝色预警信号

图标：

标准：24 小时内可能受大风影响，平均风力可达 6 级以上，或者阵风 7 级以上；或者已经受大风影响，平均风力为 6 ~ 7 级，或者阵风 7 ~ 8 级并可能持续。

防御指南 ···

1. 政府及相关部门按照职责做好防大风工作；

2. 关好门窗，加固围板、棚架、广告牌等易被风吹动的搭建物，妥善安置易受大风影响的室外物品，遮盖建筑物资；

3. 相关水域水上作业和过往船舶采取积极的应对措施，如回港避风或者绕道航行等；

4. 行人注意尽量少骑自行车，刮风时不要在广告牌、临时搭建物等下面逗留；

5. 有关部门和单位注意森林、草原等防火。

图标：

标准：12 小时内可能受大风影响，平均风力可达 8 级以上，或者阵风 9 级以上；或者已经受大风影响，平均风力为 8 ~ 9 级，或者阵风 9 ~ 10 级并可能持续。

防御指南

1. 政府及相关部门按照职责做好防大风工作；

2. 停止露天活动和高空等户外危险作业，危险地带人员和危房居民尽量转到避风场所避风；

3. 相关水域水上作业和过往船舶采取积极的应对措施，加固港口设施，防止船舶走锚、搁浅和碰撞；

4. 切断户外危险电源，妥善安置易受大风影响的室外物品，遮盖建筑物资；

5. 机场、高速公路等单位应当采取保障交通安全的措施，有关部门和单位注意森林、草原等防火。

（三）大风橙色预警信号

图标：

标准：6小时内可能受大风影响，平均风力可达10级以上，或者阵风11级以上；或者已经受大风影响，平均风力为10～11级，或者阵风11～12级并可能持续。

防御指南

1.政府及相关部门按照职责做好防大风应急工作；

2.房屋抗风能力较弱的中小学校和单位应当停课、停业，人员减少外出；

3.相关水域水上作业和过往船舶应当回港避风，加固港口设施，防止船舶走锚、搁浅和碰撞；

4.切断危险电源，妥善安置易受大风影响的室外物品，遮盖建筑物资；

5.机场、铁路、高速公路、水上交通等单位应当采取保障交通安全的措施，有关部门和单位注意森林、草原等防火。

（四）大风红色预警信号

图标：

标准：6 小时内可能受大风影响，平均风力可达 12 级以上，或者阵风 13 级以上；或者已经受大风影响，平均风力为 12 级以上，或者阵风 13 级以上并可能持续。

1. 政府及相关部门按照职责做好防大风应急和抢险工作；

2. 人员应当尽可能停留在防风安全的地方，不要随意外出；

3. 回港避风的船舶要视情况采取积极措施，妥善安排人员留守或者转移到安全地带；

4. 切断危险电源，妥善安置易受大风影响的室外物品，遮盖建筑物资；

5. 机场、铁路、高速公路、水上交通等单位应当采取保障交通安全的措施，有关部门和单位注意森林、草原等防火。

六、沙尘暴预警信号

沙尘暴预警信号分三级，分别以黄色、橙色、红色表示。

（一）沙尘暴黄色预警信号

图标：

标准：12 小时内可能出现沙尘暴天气（能见度小于 1000 米），或者已经出现沙尘暴天气并可能持续。

防御指南 ···

1. 政府及相关部门按照职责做好防沙尘暴工作；

2. 关好门窗，加固围板、棚架、广告牌等易被风吹动的搭建物，妥善安置易受大风影响的室外物品，遮盖建筑物资，做好精密仪器的密封工作；

3. 注意携带口罩、纱巾等防尘用品，以免沙尘对眼睛和呼吸道造成损伤；

4. 呼吸道疾病患者、对风沙较敏感人员不要到室外活动。

（二）沙尘暴橙色预警信号

图标：

标准：6小时内可能出现强沙尘暴天气（能见度小于500米），或者已经出现强沙尘暴天气并可能持续。

1. 政府及相关部门按照职责做好防沙尘暴应急工作；

2. 停止露天活动和高空、水上等户外危险作业；

3. 机场、铁路、高速公路等单位做好交通安全的防护措施，驾驶人员注意沙尘暴变化，小心驾驶；

4. 行人注意尽量少骑自行车，户外人员应当戴好口罩、纱巾等防尘用品，注意交通安全。

（三）沙尘暴红色预警信号

图标：

标准：6小时内可能出现特强沙尘暴天气（能见度小于50米），或者已经出现特强沙尘暴天气并可能持续。

防御指南 ··

1. 政府及相关部门按照职责做好防沙尘暴应急抢险工作；
2. 人员应当留在防风、防尘的地方，不要在户外活动；
3. 学校、幼儿园推迟上学或者放学，直至特强沙尘暴结束；
4. 飞机暂停起降，火车暂停运行，高速公路暂时封闭。

七、高温预警信号

高温预警信号分三级，分别以黄色、橙色、红色表示。

（一）高温黄色预警信号

图标：

标准：连续三天日最高气温将在35℃以上。

防御指南 ···

1.有关部门和单位按照职责做好防暑降温准备工作；

2.午后尽量减少户外活动；

3.对老、弱、病、幼人群提供防暑降温指导；

4.高温条件下作业和白天需要长时间进行户外露天作业的人员应当采取必要的防护措施。

（二）高温橙色预警信号

图标：

标准：24 小时内最高气温将升至 37℃以上。

防御指南 ·

1. 有关部门和单位按照职责落实防暑降温保障措施；

2. 尽量避免在高温时段进行户外活动，高温条件下作业的人员应当缩短连续工作时间；

3. 对老、弱、病、幼人群提供防暑降温指导，并采取必要的防护措施；

4. 有关部门和单位应当注意防范因用电量过高，以及电线、变压器等电力负载过大而引发的火灾。

（三）高温红色预警信号

图标：

标准：24 小时内最高气温将升至 40℃ 以上。

1. 有关部门和单位按照职责采取防暑降温应急措施；

2. 停止户外露天作业（除特殊行业外）；

3. 对老、弱、病、幼人群采取保护措施；

4. 有关部门和单位要特别注意防火。

八、干旱预警信号

干旱预警信号分二级，分别以橙色、红色表示。干旱指标等级划分，以国家标准《气象干旱等级》（GB/T20481-2006）中的综合气象干旱指数为标准。

（一）干旱橙色预警信号

图标：

标准：　预计未来一周综合气象干旱指数达到重旱（气象干旱为25～50年一遇），或者某一县（区）有40%以上的农作物受旱。

防御指南 ∙∙∙

1. 有关部门和单位按照职责做好防御干旱的应急工作；

2. 有关部门启用应急备用水源，调度辖区内一切可用水源，优先保障城乡居民生活用水和牲畜饮水；

3. 压减城镇供水指标，优先经济作物灌溉用水，限制大量农业灌溉用水；

4. 限制非生产性高耗水及服务业用水，限制排放工业污水；

5. 气象部门适时进行人工增雨作业。

（二）干旱红色预警信号

图标：

标准：预计未来一周综合气象干旱指数达到特旱（气象干旱为50年以上一遇），或者某一县（区）有60%以上的农作物受旱。

防御指南 ....

1. 有关部门和单位按照职责做好防御干旱的应急和救灾工作；

2. 各级政府和有关部门启动远距离调水等应急供水方案，采取提外水、打深井、车载送水等多种手段，确保城乡居民生活和牲畜饮水；

3. 限时或者限量供应城镇居民生活用水，缩小或者阶段性停止农业灌溉供水；

4. 严禁非生产性高耗水及服务业用水，暂停排放工业污水；

5. 气象部门适时加大人工增雨作业力度。

九、雷电预警信号

雷电预警信号分三级，分别以黄色、橙色、红色表示。

（一）雷电黄色预警信号

图标：

标准：6 小时内可能发生雷电活动，可能会造成雷电灾害事故。

防御指南 ···

1. 政府及相关部门按照职责做好防雷工作；

2. 密切关注天气，尽量避免户外活动。

（二）雷电橙色预警信号

图标：

标准：2 小时内发生雷电活动的可能性很大，或者已经受雷电活动影响，且可能持续，出现雷电灾害事故的可能性比较大。

1. 政府及相关部门按照职责落实防雷应急措施；

2. 人员应当留在室内，并关好门窗；

3. 户外人员应当躲入有防雷设施的建筑物或者汽车内；

4. 切断危险电源，不要在树下、电杆下、塔吊下避雨；

5. 在空旷场地不要打伞，不要把农具、羽毛球拍、高尔夫球杆等扛在肩上。

（三）雷电红色预警信号

图标：

标准：2小时内发生雷电活动的可能性非常大，或者已经有强烈的雷电活动发生，且可能持续，出现雷电灾害事故的可能性非常大。

防御指南

1. 政府及相关部门按照职责做好防雷应急抢险工作；

2. 人员应当尽量躲入有防雷设施的建筑物或者汽车内，并关好门窗；

3. 切勿接触天线、水管、铁丝网、金属门窗、建筑物外墙，远离电线等带电设备和其他类似金属装置；

4. 尽量不要使用无防雷装置或者防雷装置不完备的电视、电话等电器；

5. 密切注意雷电预警信息的发布。

十、冰雹预警信号

冰雹预警信号分二级，分别以橙色、红色表示。

（一）冰雹橙色预警信号

图标：

标准：6小时内可能出现冰雹天气，并可能造成雹灾。

1. 政府及相关部门按照职责做好防冰雹的应急工作；

2. 气象部门做好人工防雹作业准备并择机进行作业；

3. 户外行人立即到安全的地方暂避；

4. 驱赶家禽、牲畜进入有顶篷的场所，妥善保护易受冰雹袭击的汽车等室外物品或者设备；

5. 注意防御冰雹天气伴随的雷电灾害。

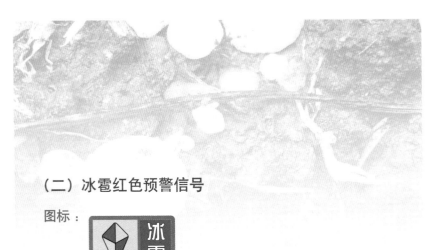

（二）冰雹红色预警信号

图标：

标准：2 小时内出现冰雹可能性极大，并可能造成重雹灾。

防御指南 ....

1. 政府及相关部门按照职责做好防冰雹的应急和抢险工作；

2. 气象部门适时开展人工防雹作业；

3. 户外行人立即到安全的地方暂避；

4. 驱赶家禽、牲畜进入有顶篷的场所，妥善保护易受冰雹袭击的汽车等室外物品或者设备；

5. 注意防御冰雹天气伴随的雷电灾害。

十一、霜冻预警信号

霜冻预警信号分三级，分别以蓝色、黄色、橙色表示。

（一）霜冻蓝色预警信号

图标：

标准：48小时内地面最低温度将要下降到0℃以下，对农业将产生影响，或者已经降到0℃以下，对农业已经产生影响，并可能持续。

1. 政府及农林主管部门按照职责做好防霜冻准备工作；

2. 对农作物、蔬菜、花卉、瓜果、林业育种要采取一定的防护措施；

3. 农村基层组织和农户要关注当地霜冻预警信息，以便采取措施加强防护。

（二）霜冻黄色预警信号

图标：

标准：24 小时内地面最低温度将要下降到零下 3℃以下，对农业将产生严重影响，或者已经降到零下 3℃以下，对农业已经产生严重影响，并可能持续。

防御指南 ....

1.政府及农林主管部门按照职责做好防霜冻应急工作；

2.农村基层组织要广泛发动群众，防灾抗灾；

3.对农作物、林业育种要积极采取田间灌溉等防霜冻、冰冻措施，尽量减少损失；

4.对蔬菜、花卉、瓜果要采取覆盖、喷洒防冻液等措施，减轻冻害。

（三）霜冻橙色预警信号

图标：

标准：24小时内地面最低温度将要下降到零下5℃以下，对农业将产生严重影响，或者已经降到零下5℃以下，对农业已经产生严重影响，并将持续。

防御指南 ....

1. 政府及农林主管部门按照职责做好防霜冻应急工作；

2. 农村基层组织要广泛发动群众，防灾抗灾；

3. 对农作物、蔬菜、花卉、瓜果、林业育种要采取积极的应对措施，尽量减少损失。

十二、大雾预警信号

大雾预警信号分三级，分别以黄色、橙色、红色表示。

（一）大雾黄色预警信号

图标：

标准：12 小时内可能出现能见度小于 500 米的雾，或者已经出现能见度小于 500 米、大于等于 200 米的雾并将持续。

防御指南 ··

1. 有关部门和单位按照职责做好防雾准备工作；
2. 机场、高速公路、轮渡码头等单位加强交通管理，保障安全；
3. 驾驶人员注意雾的变化，小心驾驶；
4. 户外活动注意安全。

（二）大雾橙色预警信号

图标：

标准：6 小时内可能出现能见度小于 200 米的雾，或者已经出现能见度小于 200 米、大于等于 50 米的雾并将持续。

防御指南 ....

1. 有关部门和单位按照职责做好防雾工作；

2. 机场、高速公路、轮渡码头等单位加强调度指挥；

3. 驾驶人员必须严格控制车、船的行进速度；

4. 减少户外活动。

（三）大雾红色预警信号

图标：

标准：2 小时内可能出现能见度小于 50 米的雾，或者已经出现能见度小于 50 米的雾并将持续。

1. 有关部门和单位按照职责做好防雾应急工作；

2. 有关单位按照行业规定适时采取交通安全管制措施，如机场暂停飞机起降，高速公路暂时封闭，轮渡暂时停航等；

3. 驾驶人员根据雾天行驶规定，采取雾天预防措施，根据环境条件采取合理行驶方式，并尽快寻找安全停放区域停靠；

4. 不要进行户外活动。

十三、霾预警信号 *

霾预警信号分为三级，以黄色、橙色和红色表示，分别对应预报等级用语的中度霾、重度霾和严重霾。

（一）霾黄色预警信号

图标：

标准：预计未来 24 小时内可能出现下列条件之一并将持续或实况已达到下列条件之一并可能持续：

（1）能见度小于 3000 米且相对湿度小于 80% 的霾。

（2）能见度小于 3000 米且相对湿度大于等于 80%，$PM_{2.5}$ 浓度大于 115 微克／米^3 且小于等于 150 微克／米^3。

（3）能见度小于 5000 米，$PM_{2.5}$ 浓度大于 150 微克／米^3 且小于等于 250 微克／米^3。

防御指南 ···

1. 空气质量明显降低，人员需适当防护；

2. 一般人群适量减少户外活动，儿童、老人及易感人群应减少外出。

---

* 2013 年，中国气象局预报司发文对霾预警信号标准进行了修订。

（二）霾橙色预警信号

图标：

标准： 预计未来 24 小时内可能出现下列条件之一并将持续或实况已达到下列条件之一并可能持续：

（1）能见度小于 2000 米且相对湿度小于 80% 的霾。

（2）能见度小于 2000 米且相对湿度大于等于 80%，$PM_{2.5}$ 浓度大于 150 微克／米 ^{3} 且小于等于 250 微克／米 ^{3}。

（3）能见度小于 5000 米，$PM_{2.5}$ 浓度大于 250 微克／米 ^{3} 且小于等于 500 微克／米 ^{3}。

 ···

1. 空气质量差，人员需适当防护；

2. 一般人群减少户外活动，儿童、老人及易感人群应尽量避免外出。

（三）霾红色预警信号

图标：

标准：预计未来 24 小时内可能出现下列条件之一并将持续或实况已达到下列条件之一并可能持续：

（1）能见度小于 1000 米且相对湿度小于 80% 的霾。

（2）能见度小于 1000 米且相对湿度大于等于 80%，$PM_{2.5}$ 浓度大于 250 微克／米^3 且小于等于 500 微克／米^3。

（3）能见度小于 5000 米，$PM_{2.5}$ 浓度大于 500 微克／米^3。

防御指南

1. 政府及相关部门按照职责采取相应措施，控制污染物排放；

2. 空气质量很差，人员需加强防护；

3. 一般人群避免户外活动，儿童、老人及易感人群应当留在室内；

4. 机场、高速公路、轮渡码头等单位加强交通管理，保障安全；

5. 驾驶人员谨慎驾驶。

十四、道路结冰预警信号

道路结冰预警信号分三级，分别以黄色、橙色、红色表示。

(一) 道路结冰黄色预警信号

图标：

标准：当路表温度低于 0℃，出现降水，12 小时内可能出现对交通有影响的道路结冰。

防御指南 ···

1. 交通、公安等部门要按照职责做好道路结冰应对准备工作；

2. 驾驶人员应当注意路况，安全行驶；

3. 行人外出尽量少骑自行车，注意防滑。

（二）道路结冰橙色预警信号

图标：

标准： 当路表温度低于0℃，出现降水，6小时内可能出现对交通有较大影响的道路结冰。

防御指南 ··

1. 交通、公安等部门要按照职责做好道路结冰应急工作；
2. 驾驶人员必须采取防滑措施，听从指挥，慢速行使；
3. 行人出门注意防滑。

（三）道路结冰红色预警信号

图标：

标准：当路表温度低于0℃，出现降水，2小时内可能出现或者已经出现对交通有很大影响的道路结冰。

防御指南 ···

1. 交通、公安等部门做好道路结冰应急和抢险工作；

2. 交通、公安等部门注意指挥和疏导行驶车辆，必要时关闭结冰道路交通；

3. 人员尽量减少外出。

第三部分 急救常识

一、心脏骤停

应急要点

1. 心跳骤停时间不长时（3～4分钟内）需立即采用心肺复苏法抢救伤者，同时拨打急救电话。

2. 心肺复苏法包括胸外心脏按压法和人工呼吸法。

进行胸外心脏按压时，首先要确定按压部位，即胸骨中下 1/3 交界处的正中线上。施救者一手掌根部紧贴于胸部按压部位，另一手掌放在此手背上，

两手平行重叠且手指交叉互握稍抬起，垂直下压，之后迅速放松，如此有节奏地反复进行。

进行人工呼吸时，首先清理伤者呼吸道并使伤者头部尽量后仰。施救者深吸一口气，对着伤者的口（两嘴要对紧不要漏气）将气吹入。此时可用一手将其鼻孔捏住，然后，当施救者嘴离开时，将捏住的鼻孔放开，并用一手压其胸部，如此反复进行。

3. 胸外心脏按压与人工呼吸应交替进行，即每做 30 次心脏按压后，就连续吹气两次，如此反复交替进行。

二、溺水

应急要点

1. 如果被卷入洪水，一定要保持镇静，尽可能抓住固定的或漂浮的东西，寻找机会逃生。

2. 施救者如不会游泳或不了解水情，不可轻易下水救人，可利用救生圈、竹竿等在岸上实施救援。

3. 溺水者被救上岸后，将其平放地上，立即清除其口鼻内的淤泥、杂草等污物。抱起溺水者的腰腹部，使其脚朝上，头朝下进行倒水。或施救者一腿跪地，另一腿屈膝，将溺水者腹部横放在救护者屈膝的大腿上，使其头部下垂，并用手平压其背部进行倒水。

4. 如溺水者呼吸停止，应立即进行人工呼吸。

三、雷电击伤

应急要点

1. 如被雷击者衣服着火，立即往其身上泼水，或用毯子等裹住伤者以扑灭火焰。在无人帮助的情况下，伤者可在地上翻滚或趴在水沟中以扑灭火焰。

2. 对烧伤部位，先用冷水冷却，再用干净布块包扎。烧伤部位严重的，要尽快送往医院。

3. 被雷击后，如伤者突然心脏停跳、呼吸停止，出现"假死"现象，应立即进行人工呼吸。同时立即呼叫急救中心，由专业救护人员进行抢救。

四、中暑

应急要点

1. 将中暑者从高温环境移至通风阴凉处，敞开其衣服，用冷水或酒精擦身，为中暑者降温。

2. 让中暑者喝些淡盐水或清凉饮料，可服用十滴水或仁丹。

3. 若出现意识障碍、体温上升到 40℃ 以上等热射病症状，应立即入院，并尽快进行冷却治疗。

五、骨折

应急要点

1. 迅速使用夹板固定患处，固定不应过紧，夹板和肢体之间要垫松软物品。如果没有夹板，可就地取材，用树枝、雨伞、木棍等代替。

2. 若没有固定材料，可进行临时性自体固定。如上肢受伤，可将伤肢缚于上身躯干；如下肢受伤，可将伤肢固定于另一健肢。

3. 对于轻度无伤口的骨折，可进行冷敷处理，防止肿胀；如有伤口则不宜冷敷，尽量用清洁的布包扎并尽快就医。

六、外伤出血

1．若毛细血管出血，通常用碘酊或酒精消毒伤口周围皮肤后，在伤口上盖上消毒纱布或干净布块，扎紧即可。

2．若静脉出血，用消毒纱布或干净布块做成软垫放在伤口上，再加压包扎即可。抬高患肢可减少出血。

3．若动脉出血，一般采用间接指压止血法，即在出血动脉的近心端，用拇指和其余手指压在骨面上，予以止血。这种方法不能持久，只能是一种临时急救止血手段，所以必须立即将伤者送往医院。

七、冻伤

应急要点

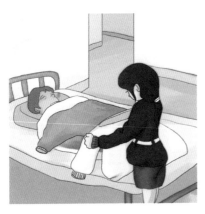

1．带伤者迅速离开低温现场和冰冻物体，将其移至温暖环境。

2．如果伤者的衣服与人体冻在一起，应用温水融化，再脱去衣服，切不可使用热水。

3．加盖衣服、毛毯，使伤者尽快恢复体温。伤者意识存在后可饮用热饮料或少量酒。

八、触电

1. 把触电者接触的那一部分带电设备的开关、刀闸或其他断路设备断开，或用木棒、皮带、橡胶制品等绝缘物品挑开触电者身上的带电物品。在断开电源的过程中，救护人员既要救人，也要注意保护自己。

2. 若触电者心脏停止跳动，应立即采用心肺复苏法抢救，绝不可无故中断。

九、严重胸腹外伤

应急要点

1. 已刺入胸、腹的利器，切不可自行取出。应就近找东西固定利器，并立即将伤者送往医院。

2. 因腹部外伤造成肠管脱出体外，千万不可将其送回腹腔，以免造成严重感染。应在脱出的肠管上覆盖消毒纱布，再用干净的碗或盆扣在伤口上，用绷带或布带固定，迅速送往医院抢救。

十、气象热线电话与急救电话

4006000121

"4006000121"是中国气象局提供的公共气象服务热线，气象服务咨询、建议、合作与投诉皆可拨打。

12121

拨打"12121"可进行天气预报查询。

110

"110"是报警求助电话，遇刑事、治安案件，个人无力解决的紧急危难、自然灾害等可拨打求助。

注意事项：

1. 在就近的地方抓紧时间报警，按民警的提示讲清报警求助的基本情况。

2. 报警后应在报警地等候，并与民警和110及时取得联系。

119

"119"是火灾报警电话，遇火灾或化学事故时可拨打求助。

注意事项：

1. 准确报出失火的地址。

2. 简要说明什么东西着火、火势大小、有没有人员被困等情况。

3. 打完电话后，在路口等候消防车。

120

"120"是医疗专业急救电话，自己或他人发生重伤、急症时可拨打求助。

注意事项：

1. 说清病人的性别、年龄，确切地址、联系电话。

2. 说清病人最突出、最典型的发病表现。

3. 约定具体的候车地点，准备接车。

附录 公共气象服务天气图形符号

彩色符号	名称	彩色符号	名称
	晴 （白天）		雷阵雨
	晴 （夜晚）		雷电
	多云 （白天）		冰雹
	多云 （夜晚）		轻雾
	阴天		雾
	小雨		浓雾
	中雨		霾
	大雨		雨夹雪
	暴雨		小雪
	阵雨		中雪

续表

彩色符号	名称	彩色符号	名称
	大雪		9 级风
	暴雪		10 级风
	冻雨		11 级风
	霜冻		12 级及以上风
	4 级风		台风
	5 级风		浮尘
	6 级风		扬沙
	7 级风		沙尘暴
	8 级风		